BEOBACHTUNGEN

ÜBER DIE MIT DER

HÖHE ZUNEHMENDE TEMPERATUR

IN DER UNMITTELBAR AUF DER ERDOBERFLÄCHE

RUHENDEN

REGION DER ATMOSPHÄRE.

VON

Dr. M. A. F. PRESTEL.

(MIT II TAFELN.)

(Aus dem XXXVI. Bande, S. 384, des Jahrganges 1859 der Sitzungsberichte der mathem.-naturw. Classe der kais. Akademie der Wissenschaften besonders abgedruckt.)

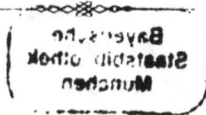

WIEN.

AUS DER K. K. HOF- UND STAATSDRUCKEREI.
—
IN COMMISSION BEI KARL GEROLD'S SOHN, BUCHHÄNDLER DER KAISERLICHEN AKADEMIE
DER WISSENSCHAFTEN.

1859.

Beobachtungen über die mit der Höhe zunehmende Temperatur in der unmittelbar auf der Erdoberfläche ruhenden Region der Atmosphäre.

Von **Dr. M. A. F. Prestel.**

(Mit 2 Tafeln.)

(Vorgelegt in der Sitzung vom 7. April 1859.)

Von den vielen noch unerledigten Fragen der Meteorologie ist die nach der Temperatur-Veränderung der Luft mit wachsender Höhe über der Erdoberfläche eine der wichtigsten. Schon die beim Ersteigen hoher Berge angestellten Beobachtungen deuten auf ein bestimmtes, jenen Veränderungen zu Grunde liegendes Gesetz hin. A. v. Humboldt fand die Abnahme der Temperatur auf den hohen Bergen zwischen den Wendekreisen wie folgt:

Beobachtungsorte	Breite	Höhe	Unterschied der Temperatur	Höhe in Met. auf 1º C.
Coffre de Perotte . .	19° 29′	4047^m	22°1	183·1
Nevado de Toluca . .	10 6	4619	23·1	198·7
Silla de Caraccas . .	10 37	2603	13·7	189·9
Fuerta de la Cuchilla .	10 33	1512	8·5	177·8
Guadaloupe	4 36	3287	16·9	194·4
Pichincha	0 14 S.	4679	27·7	197·8
Chimboraço	1 28 S.	5876	19·1	201·9
Pico de Teneriffa . .	28 17	3704	{20·1 / 19·0	184·2 / 194·9
			Mittel . . .	191·4

Eine Vergleichung der folgenden Zahlen zeigt, dass bei diesen Temperatur-Differenzen die geographische Breite, mehr aber noch die

1 ॰

Zeiten des Jahres, um welche die Beobachtungen angestellt werden, in Betracht kommen. Die 1° Wärmeverschiedenheit entsprechenden Höhendifferenzen der einzelnen Monate für die zwischen 30° nördlich und südlich von den Alpen liegenden Orte sind nach **Kämtz**:

Jänner	257.27	Juli	148.71
Februar	193·54	August	145·98
März	159·63	September	161·96
April	160·60	October	177·75
Mai	157·87	November	195·49
Juni	148·32	December	233·49

Mittel . . . 172.68.

Eine von **Saussure** gemachte Vergleichung zwischen den zu Genf und auf dem Col du Géant während 14 Tagen des Juli in verschiedenen Stunden angestellten Beobachtungen führt auf folgende Höhen, mit welchen die Temperatur sich um einen Centesimal - Grad vermindert.

Tagesstunde	Meter	Tagesstunde	Meter
0^h	149	12^h	172
2	141	14	190
4	143	16	211
6	142	18	196
8	144	20	180
10	158	22	161

Mittel . . . 165·5 Meter.

Ein Mittel, vollständigere und zuverlässigere Beobachtungen anzustellen, bieten die Luftballonfahrten dadurch, dass der Beobachter rasch zu einer bedeutenden Höhe über die Erdoberfläche gehoben wird, dabei aber seine Instrumente verhältnissmässig bequem handhaben kann. **Gay-Lussac** stieg das erste Mal am 23. August 1804 in Begleitung von **Biot** in Paris zur Höhe von 13.000 Fuss, dann zum zweiten Male am 15. September desselben Jahres ebenfalls von Paris aus auf. Auf dieser zweiten Reise erreichte er die erstaunliche Höhe von 23.040 Fuss. Hierbei sah er das Thermometer um 40° sinken. Dies gibt eine Abnahme von 1° auf 175 Meter. Ähnliche Resultate ergaben die Beobachtungen, welche von anderen angestellt wurden. **Studer** stellt die auf verschiedenen Luftreisen gefundenen Temperatur-Abnahmen in folgender Weise zusammen.

Beobachter	Erreichte Höhe	Erhebung für 1° Abnahme	Abnahme für 100ᵐ Erhebung
Gay-Lussac	6977ᵐ	184ᵐ7	0°54
Zeune und Jungius	3900	189·0	0·53
Graham und Beaufoy . . .	3800	185·0	0·54
Sacharow	2800	179·5	0·56
Clayton	5450	273·0	0·37
Mittel . . .		202·2	0·51

Barral und Bixio, welche sich am 27. Juli 1850 zu gleicher
Höhe wie Gay-Lussac erhoben, hatten von 2000 bis 6000 Meter
Höhe eine ungeheure Nebelschicht zu durchdringen. Kurz ehe sie die
obere Grenze derselben erreichten, stand das Thermometer noch auf
10°, es sank dann plötzlich auf 23° und ging bei der Höhe von
7000 Meter auf — 39°7 hinab.

In England wurden im Jahre 1852 mehrere Luftballonfahrten
unternommen, um Untersuchungen über solche meteorologische und
physikalische Erscheinungen anzustellen, welche die Gegenwart eines
Beobachters in grosser Höhe über der Erdoberfläche erfordern.
Hauptsächlich sollten die Beobachter ihre Aufmerksamkeit auf Temperatur und Feuchtigkeit der Luft in verschiedenen Höhen richten.
Die Resultate dieser von Vauxhall von London aus unternommenen
Fahrten, von welchen die erste am 17. August 3 Uhr 49 Minuten
Nachmittags, die zweite am 26. August 4 Uhr 39 Minuten Nachmittags, die dritte am 21. October 2 Uhr 45 Minuten Nachmittags
begann, sind in den *Philosophical Transactions of the Royal Society
of London for the year 1853* niedergelegt. Die wichtigsten Resultate derselben finden sich auch in den „Mittheilungen über wichtige
neue Forschungen auf dem Gebiete der Geographie von Dr.
A. Petermann." Jahrg. 1856, IX. Bd., S. 333—341. Eine höchst
instructive Zugabe der Bearbeitung dieser vier Luftballonfahrten von
Petermann ist die graphische Darstellung auf Tafel 18, welche
das Gesammtresultat aller vier Reisen auf einen Blick übersehen
lässt. Die Ergebnisse der Beobachtungen auf diesen vier verschiedenen Fahrten sind indess so ungleich unter sich, dass es schwer
hält, eine Analogie nachzuweisen. Gay-Lussac beobachtete auf

seiner zweiten Fahrt, dass die Temperatur von der Erdoberfläche an bis zu 12.125 Fuss Höhe von 82° zu 47°3 Fahr. abnahm, dann bis zur Höhe von 14.000 Fuss wieder auf 53°6 stieg und endlich wieder regelmässig abnahm. Ähnliches wurde bei den eben genannten Auffahrten beobachtet. Auch bei diesen dauerte die Abnahme der Temperatur im Anfange der Auffahrt nur bis zu einer gewissen, bei den einzelnen Fahrten verschiedenen Höhe (von 2500 bis 6000 englische Fuss), dann aber trat ein Stillstand oder wenigstens eine sehr langsame Abnahme ein, die in einem Raume von 2000 bis 3000 Fuss wahrgenommen wurde. Darauf zeigte sich die regelmässige Abnahme wieder, und war kaum geringer als in den untersten Regionen. Da diese Unterbrechung von einem bedeutenden und plötzlichen Sinken der Temperatur des Thaupunktes begleitet ist, so kann man schliessen, dass sie durch die Wärmeentwickelung bedingt ist, welche die Condensation der Feuchtigkeit begleitet.

Dr. Petermann hat folgende durchschnittliche Resultate für die vier Reisen berechnet, wobei er die Zone, wo jene Störungen hauptsächlich stattfinden, die Zone des Stillstandes der Temperatur, weggelassen und die darunter und darüber befindliche Zone jede für sich berechnet hat.

	17. August	26. August	21. October	10. November
Untere Zone	0— 4.000 Fs.	0— 7.000 F.	0— 2.700 Fs.	0— 4.000 Fs.
Obere Zone	7.000—20.000 „	10.000—19.000 „	5.000—13.000 „	9.000—23.000 „

Einem Grad Fahrenheit entsprechen:

in der unteren Zone . .	278 Fuss	282 Fuss	279 Fuss	266 Fuss
in der oberen Zone . .	296 „	298 „	296 „	328 „
Mittel von beiden . . .	292 „	291 „	291 „	312 „
In der gesammten Höhe	323 Fuss	382 Fuss	436 Fuss	401 Fuss

Demnach stellt sich in jeder Beobachtungsreihe die Abnahme der Temperatur bedeutender in der unteren Zone, als in der oberen heraus.

Als die wichtigsten Ergebnisse dieser Reisen dürften demnach zu betrachten sein, einmal, dass die Temperatur mit der Höhe nicht in einer regelmässigen Progression, sondern äusserst unregelmässig abnimmt; zweitens, dass die Temperatur in den höheren Schichten der Atmosphäre in den verschiedenen Monaten eine viel constantere ist, als in den niederen Schichten; denn während am 17. August die Temperatur 48° Fahrenheit mit einer Höhe von 8700 Fuss und am 10. November mit 562 Fuss correspondirt, so liegt diejenige von 10° Fahrenheit auf beiden Fahrten in den Höhen von 19.407 Fuss und 16.983 Fuss, oder mit anderen Worten: Der Höhenunterschied zwischen den beiden genannten Temperaturen betrug im August nur 10.707 Fuss, im November 16.421 Fuss. Noch deutlicher tritt dieses hervor, wenn man in's Auge fasst, dass in diesen beiden Monaten auf der ersten und vierten Fahrt der Unterschied der Temperatur in einer Höhe von etwa 19.500 Fuss nur 10° Fahrenheit betrug, während er sich an der Erdoberfläche auf mehr als 22° belief. — Dasselbe ergibt sich aber auch schon aus der Vergleichung sowohl der Extreme, als der mittleren Temperaturen der einzelnen Monate und des Jahres, welche von 1836 bis 1850 einerseits auf dem Brocken, andererseits zu Arnstadt von 1823 bis 1857 beobachtet sind [1]).

Monate	Auf dem Brocken wurde 1836—1850 beobachtet			Zu Arnstadt wurde von 1823—1847 beobachtet			Mittl. Temperatur	
	grösste Wärme	grösste Kälte	Unterschied	grösste Wärme	grösste Kälte	Unterschied	Brocken	Arnstadt
Jänner . . .	6·0	—22·4	28·4	10·6	—22·3	32·9	—6·44	—1·96
Februar . . .	6·0	—18·5	24·5	15·0	—22·3	37·3	—5·17	—0·10
März	9·6	—17·4	27·0	15·3	—13·4	28·7	—3·74	2·20
April	14·0	—10·5	24·5	21·4	— 8·8	30·2	—0·46	5·87
Mai	20·4	— 6·3	26·7	26·2	— 2·0	28·2	4·06	10·36
Juni	19·2	— 3·3	22·5	26·3	2·5	23·8	6·66	13·12
Juli	21·6	0·9	20·7	28·1	6·1	22·0	7·51	14·10
August . . .	19·8	0·3	19·5	28·0	3·8	24·2	7·57	13·58
September . .	16·8	— 3·3	20·1	23·6	— 0·2	23·8	5·54	10·92
October . . .	13·0	— 9·6	22·6	21·0	— 5·8	26·8	2·10	7·12
November . .	12·6	—13·8	26·4	14·6	—11·3	25·9	—1·45	2·97
December . .	6·6	—18·9	25·5	12·0	—16·8	28·8	—3·78	—0·22
Jahr	21·6	—22·4	44·0	28·1	—22·3	50·4	—	—

[1]) Bericht über die in den Jahren 1848 und 1849 auf den Stationen des meteorologischen Insituts im preussischen Staate angestellten Beobachtungen. Von H. W. D o v e. Berlin 1851.

Die Höhe des Brockens über dem Niveau des Meeres beträgt 3633 Pariser Fuss, die von Arnstadt 849 [1]).

Bei genauer Betrachtung der Ergebnisse der Beobachtungen auf den Luftballonfahrten im Jahre 1853 über die Abnahme der Temperatur mit wachsender Höhe müsste der Versuch, für eine gegebene Höhe die Temperatur als Function der Höhe ausdrücken zu wollen, wohl als verfrüht erscheinen. Wenn sich bei jenen Luftreisen das eben erwähnte bemerkenswerthe Factum herausgestellt hat, dass die Abnahme der Temperatur im Anfange des Aufsteigens nur bis zu einer gewissen Höhe andauert, dann aber ein Stillstand oder wenigstens eine sehr langsame Abnahme eintritt, so muss ich diesem Factum das nicht minder bemerkenswerthe an die Seite stellen, dass die Temperatur in der untersten unmittelbar auf der Oberfläche der Erde ruhenden Schicht der Atmosphäre **nicht** abnimmt, sondern wächst. Eben weil dieses den in allen Lehrbüchern der Meteorologie und physikalischen Geographie als unumstössliche Wahrheit hingestellte Satz: „Die Wärme der Luft ist über einem und demselben Orte nicht in jeder Höhe dieselbe, sondern nimmt ab, je weiter man sich erhebt", aufhebt, oder wenigstens beschränkt, dürften die Beobachtungen, von welchen ich ausgegangen bin, eine genauere Prüfung durch Wiederholung derselben an verschiedenen anderen Orten verdienen.

Die Thermometer, an welchen die Beobachtungen gemacht wurden, sind an der Nordseite meiner, in einem nicht dicht gebauten Theile der Stadt belegenen Wohnung aufgehangen. Das am niedrigsten hängende Thermometer, welches im Folgenden mit A bezeichnet ist, befindet sich etwa 10 Fuss von der Wand des Hauses entfernt, mit der Kugel 2 Zoll über dem Erdboden [2]). Das zweite Thermometer, B, hängt an einem Fenster, 1 Fuss von letzterem und 17 Fuss 3 Zoll Par. Mass von der Erdoberfläche entfernt. Die Höhe des dritten Thermometers, C, ist 28 Fuss 4 Zoll Par. Mass über der flachen Erde. Dasselbe ist an einem verschiebbaren Läufer befestigt, so dass es ganz in die freie Luf hinausgeschoben, zum Behufe des Ablesens

---

[1]) Gehler's phys. Wörterbuch, V. 1, S. 239.

[2]) Seit December 1858 habe ich dasselbe in der angegebenen Höhe von 2 Zoll über dem Erdboden mitten im Garten 40 Fuss vom Hause entfernt so aufgehängt, dass es ebenfalls nicht von der Sonne beschienen wird.

aber wieder herangezogen werden kann. Von den Fenstern aus, vor welchen die Thermometer B und C sich befinden, hat man die Aussicht auf einen Complex von Gärten. Die letztere nach Norden hin begrenzenden nicht sehr hohen Gebäude sind hundert und mehrere Fuss entfernt, so dass von dem Fenster aus, vor welchem sich das mittlere Thermometer B befindet, der nördliche Theil des Himmels vom Zenith bis zu 15° herunter überblickt werden kann.

Das in der Höhe von 17 Fuss 3 Zoll über dem Erdboden befindliche Thermometer B ist von Greiner jun. in Berlin angefertigt und seiner Richtigkeit nach geprüft. Die achtzigtheilige Scala desselben ist von zwei zu zwei Zehntel Graden getheilt. Mit diesem Thermometer habe ich die beiden anderen verglichen und die Abweichung in Rechnung gebracht.

Die Thermometerstände wurden in der Regel um 8 Uhr Morgens, 12 Uhr Mittags und 6 Uhr Abends abgelesen und aufgezeichnet.

Eine Untersuchung über Wolken-, Nebel- und Thaubildung wurde im Jahre 1857 Veranlassung zu diesen Beobachtungen der Temperatur in verschiedenen Höhen. Die Temperatur-Differenzen waren damals gering. Kurz darauf traten grössere Temperatur-Unterschiede hervor. Als ich bei diesen ein gewisses constantes Verhältniss gewahr wurde, fing ich am 1. November an zu den genannten Tagesstunden stetig und regelmässig zu beobachten. Gegenwärtig liegen die Ergebnisse von 15 Monaten vor. Ich veröffentliche dieselben schon jetzt, um eine Prüfung und Erweiterung derselben durch ähnliche an anderen Orten ausgeführte Beobachtungen zu veranlassen. Sollten ähnliche Beobachtungen, welche an anderen Orten angestellt werden, zu denselben Resultaten führen, so würde dieses nicht allein für die Meteorologie und physikalische Geographie, sondern auch, und zwar vorzugsweise, für die Pflanzen-Physiologie von der allergrössten Bedeutung sein.

Beobachtungen über die Temperatur der Luft an verschiedenen vertical über einander liegenden Punkten desselben Orts werden je nach der geographischen Breite und Länge des Beobachtungsortes, so wie nach seiner Höhe über dem Niveau des Meeres und nach seiner Umgebung mehr oder weniger verschiedene Resultate ergeben, aber darin werden sie übereinstimmen, dass die Temperatur in der

unmittelbar auf der Erdoberfläche ruhenden Luft bis zu einem
gewissen, nach den Jahreszeiten verschiedenen Punkte wächst.

**I. Fünftägige Mittel aus den zu Emden vom 1. November 1857 bis zum
31. Jänner 1859 in verschiedener Höhe über der Erdoberfläche gemachten Temperatur-Beobachtungen.**

Die folgende Tabelle enthält die fünftägigen Mittel der Beobachtungen. Die mit A überschriebene Spalte gibt die Temperatur der
Luft, entsprechend dem Stande des in 2 Zoll Höhe über der Erdoberfläche aufgestellten Thermometers an. Die Zahlen, welche
in den mit B und C überschriebenen Spalten stehen, geben nicht
die beobachtete Temperatur der Luft selbst, sondern die Abweichung dieser Beobachtungen von der in der Spalte A aufgeführten
Temperatur an.

Steht vor den Zahlen kein Zeichen, so ist die Abweichung als
positiv zu betrachten, und zwar zeigen die Zahlen, welche in der
mit B bezeichneten Spalte enthalten sind, die Abweichung der
Lufttemperatur in einer Höhe von 17 Fuss 3 Zoll Pariser Mass
über ebener Erde, die Zahlen in der mit C bezeichneten Spalte
die Abweichung des in einer Höhe von 28 Fuss 4 Zoll Par. Mass
über der Erdoberfläche an. Beide Abweichungen beziehen sich
auf die Temperatur, welche in der mit A bezeichneten Spalte ange-
geben ist.

November 1857.

Pentade	Morgens 8 Uhr			Mittags 12 Uhr			Abends 6 Uhr			Mittel		
	A	B	C	A	B	C	A	B	C	A	B	C
2—6. Nov.	4·87	0·10	0·57	5·74	0·74	1·00	6·82	0·38	0·90	5·81	0†41	0†82
7—11. „	2·82	-0·20	0·00	5·52	0·36	0·50	4·86	0·14	0·14	4·40	0·06	0·21
12—16. „	4·2?	0·02	0·52	6·56	0·10	0·54	5·24	0·42	0·50	5·36	0·18	0·52
17—21. „	-1·74	0·06	0·96	1·30	0·90	1·54	0·00	0·70	1·06	—0·15	0·55	1·19
22—26. „	2·24	0·32	0·72	3·78	0·52	0·70	4·06	0·60	0·45	3·36	0·48	0·62
27—1. Dec.	0·92	0·58	0·90	2·62	0·50	0·80	1·54	0·22	0·62	1·69	0·43	0·77
Mittel .	..	0·18	0·61	...	0·52	0·88	...	0·41	0·61	...	0·38	0·70

December 1857.

Pentade	Morgens 8 Uhr			Mittags 12 Uhr			Abends 6 Uhr			Mittel		
2—6. Dec.	3·26	0·52	0·84	5·20	0·50	0·80	4·52	0·40	0·48	4·33	0·47	0·71
7—11. „	2·56	0·32	0·64	4·04	0·34	0·60	3·00	0·32	0·62	3·20	0·33	0·63
12—16. „	2·42	0·28	0·62	3·46	0·36	0·62	3·26	0·34	0·54	3·05	0·33	0·59
17—21. „	2·96	0·24	0·50	3·98	0·22	0·52	4·30	0·40	0·60	3·75	0·29	0·54
22—26. „	6·58	0·12	0·24	7·26	0·28	0·40	5·82	0·22	0·38	6·55	0·21	0·34
27—31. „	2·62	0·26	0·56	3·70	0·32	0·66	2·92	0·24	0·24	3·08	0·27	0·49
Mittel .	...	0·29	0·57	...	0·37	0·60	...	0·32	0·48	...	0·32	0·55

Jänner 1858.

Pentade	Morgens 8 Uhr			Mittags 12 Uhr			Abends 6 Uhr			Mittel		
1—5. Jän.	-3·46	0·12	0·76	-1·60	0·30	0·88	-2·10	0·06	0·24	-2·39	0·16	0·63
6—10. „	-2·40	0·50	1·34	0·05	0·35	0·80	-0·84	0·55	1·06	-1·06	0·47	1·06
11—15. „	0·46	0·28	0·76	1·96	0·50	0·90	1·16	0·35	0·54	1·19	0·37	0·73
16—20. „	2·94	0·68	1·00	3·10	0·76	1·06	3·20	0·52	0·66	3·08	0·65	0·90
21—25. „	0·80	0·82	1·18	2·40	0·86	1·22	0·58	0·62	0·76	1·26	0·77	1·05
26—30. „	-5·20	0·72	1·16	-1·48	1·14	1·36	-2·30	0·94	1·48	-2·99	0·93	1·33
Mittel .	...	0·52	1·03	...	0·65	1·03	...	0·49	0·79	...	0·56	0·95

Februar 1858.

Pentade	Morgens 8 Uhr			Mittags 12 Uhr			Abends 6 Uhr			Mittel		
31. J.—4. F.	0·24	0·56	0·60	1·00	0·70	1·08	—0·48	0·60	0·72	0·25	0·62	0·80
5—9. Feb.	-2·58	0·44	1·06	-0·34	0·50	1·16	—0·88	0·54	1·20	-1·27	0·51	1·14
10—14. „	-1·62	0·66	1·16	0·80	0·82	1·20	0·12	0·90	1·26	-0·23	0·79	1·21
15—19. „	-3·38	0·42	1·18	0·16	0·94	1·32	-1·58	0·46	0·94	-1·60	0·61	1·15
20—24. „	-7·58	0·78	1·52	-1·64	1·08	1·44	-2·76	0·74	1·26	-3·99	0·87	1·47
25—1. März	-5·66	0·94	1·28	-0·40	0·76	1·10	-1·48	0·66	1·50	-2·51	0·79	1·29
Mittel .	...	0·67	1·03	...	0·80	1·21	...	0·65	1·14	...	0·71	1·14

(Prestel.)

März 1858.

Pentade	Morgens 8 Uhr			Mittags 12 Uhr			Abends 6 Uhr			Mittel		
	A	B	C	A	B	C	A	B	C	A	B	C
2—6. März	−5·20	0·80	1·44	−1·34	0·90	1·36	−2·40	0·66	1·34	−2·89	0·79	1·38
7—11. „	−1·50	0·80	1·56	0·40	1·12	1·70	−1·26	0·82	1·90	−0·79	0·91	1·72
12—16. „	0·24	0·74	1·26	1·76	0·88	1·24	1·26	0·68	1·10	1·09	0·77	1·20
17—21. „	1·40	0·72	1·16	4·46	0·80	1·28	2·64	0·56	0·96	2·83	0·69	1·13
22—26. „	2·42	0·58	1·14	5·64	1·00	1·26	3·78	0·72	1·00	3·95	0·76	1·13
27—31. „	2·34	0·90	1·26	6·90	1·04	1·26	5·66	0·92	1·26	4·97	0·95	1·26
Mittel .	. . .	0·76	1·30	. . .	0·96	1·35	. . .	0·73	1·26	. . .	0·81	1·30

April 1858.

Pentade	Morgens 8 Uhr			Mittags 12 Uhr			Abends 6 Uhr			Mittel		
1—5. April	2·88	0·80	1·28	5·20	0·88	1·18	3·22	0·70	0·70	3·77	0·79	1·05
6—10. „	0·98	0·82	1·52	3·68	1·22	1·84	1·84	0·82	1·30	2·17	0·92	1·55
11—15. „	1·50	1·00	1·34	4·60	1·18	1·56	2·90	1·10	1·32	3·00	1·09	1·41
16—20. „	5·38	0·80	1·26	11·12	1·45	1·70	5·40	1·12	1·52	7·30	1·12	1·49
21—25. „	6·03	1·10	1·13	9·50	1·03	1·23	6·83	0·76	0·90	7·45	0·96	1·08
26—30. „	8·10	0·84	0·92	9·00	0·84	0·92	6·00	0·88	0·84	7·70	0·85	0·89
Mittel .	. . .	0·89	1·24	. . .	1·10	1·40	. . .	0·89	1·09	. . .	0·96	1·24

Mai 1858.

Pentade	Morgens 8 Uhr			Mittags 12 Uhr			Abends 6 Uhr			Mittel		
1—5. Mai	4·98	0·76	0·98	8·72	0·76	1·02	6·18	1·20	1·53	6·61	0·91	1·17
6—10. „	5·16	0·90	1·48	8·66	1·08	1·44	6·42	0·62	0·98	6·75	0·87	1·30
11—15. „	6·22	0·92	1·36	10·50	0·70	1·02	9·66	0·76	1·10	8·79	0·79	1·16
16—20. „	8·66	1·04	1·32	11·56	0·88	1·18	10·24	0·76	1·08	10·15	0·89	1·19
21—25. „	8·90	0·80	1·11	12·20	0·78	1·10	10·27	0·68	1·30	10·46	0·75	1·16
26—30. „	7·22	1·00	1·32	9·16	0·94	1·26	6·90	0·94	1·10	7·76	0·96	1·23
Mittel .	. . .	0·90	1·26	. . .	0·86	1·17	. . .	0·83	1·18	. . .	0·86	1·20

Juni 1858.

Pentade	Morgens 8 Uhr			Mittags 12 Uhr			Abends 6 Uhr			Mittel		
31.M.—4.J.	12·42	1·38	1·96	16·52	1·12	1·56	13·62	1·56	2·24	14·19	1·35	1·92
5—9. Juni	13·36	1·22	2·08	17·44	1·80	2·30	13·74	1·02	1·70	14·85	1·35	2·02
10—14. „	14·34	1·84	2·50	18·26	1·54	2·52	16·20	1·08	1·80	16·27	1·49	2·27
15—19. „	15·46	1·70	2·16	20·56	1·58	2·12	17·98	1·36	1·62	18·00	1·55	1·96
20—24. „	12·62	0·98	1·08	13·98	0·78	1·14	11·62	0·54	0·88	12·74	0·77	1·03
25—29. „	10·92	0·48	0·54	13·10	0·70	0·64	11·50	0·64	0·46	11·84	0·61	0·55
Mittel .	. . .	1·26	1·72	. . .	1·25	1·71	. . .	1·03	1·45	. . .	1·19	1·62

Juli 1858.

Pentade	Morgens 8 Uhr			Mittags 12 Uhr			Abends 6 Uhr			Mittel		
	A	B	C	A	B	C	A	B	C	A	B	C
30. J. — 4.J.	10·00	0·86	0·86	11·96	0·32	0·40	9·86	0·62	0·74	10·61	0·47	0·66
5—9. Juli	11·52	1·18	1·58	13·84	0·84	1·66	12·04	0·78	1·02	12·47	0·93	1·42
10—14. „	11·92	0·55	1·22	14·50	0·88	1·16	12·78	0·68	0·86	13·06	0·74	1·08
15—19. „	14·82	1·50	1·42	19·24	1·84	2·04	15·60	0·60	0·98	16·55	1·33	1·48
20—24. „	12·46	1·34	1·06	16·55	0·90	1·12	15·17	0·80	1·30	14·69	1·01	1·17
25—29. „	hier fehlen die Beobachtungen											
Mittel .	.	.	.	.	.	.	.	.	.	.	0·89	1·16

August 1858.

Pentade	A	B	C	A	B	C	A	B	C	A	B	C
30. J.—3. A.	auch hier fehlen die Beobachtungen											
4—8. Aug.	11·10	1·10	1·60	22·40	1·10	1·30	11·60	1·70	1·70	15·03	1·30	1·53
9—13. „	15·22	1·54	2·40	20·18	1·16	2·40	17·44	1·14	2·46	17·61	1·28	2·42
14—18. „	13·94	1·16	1·60	18·88	0·88	1·94	16·02	1·02	1·58	16·28	1·02	1·71
19—23. „	15·47	1·12	1·87	17·36	1·30	2·28	15·10	0·68	1·34	15·98	1·03	1·83
24—28. „	10·52	0·72	1·80	14·55	1·00	1·30	11·85	0·30	0·75	12·31	0·67	0·95
29—2. Sept.	10·02	0·72	1·26	12·92	1·10	1·80	12·67	0·82	1·45	11·87	0·88	1·50
Mittel .	.	1·06	1·59	.	1·09	1·84	.	0·94	1·55	.	1·03	1·66

September 1858.

Pentade	A	B	C	A	B	C	A	B	C	A	B	C
3—7. Sept.	11·98	0·86	1·08	14·14	1·14	1·56	13·00	0·74	1·26	13·04	0·91	1·30
8—12. „	11·36	1·08	1·56	15·22	1·54	2·42	13·00	1·16	1·82	13·19	1·26	1·93
13—17. „	11·68	1·20	1·62	15·42	1·40	1·84	13·64	0·95	1·84	13·58	1·18	1·77
18—22. „	8·92	1·18	1·70	13·46	1·00	1·42	11·62	0·96	1·54	11·33	1·05	1·55
23—27. „	11·65	0·62	1·00	13·74	1·00	1·78	12·54	0·60	0·82	12·64	0·74	1·20
28—2. Oct.	10·20	0·78	1·10	13·00	0·90	1·34	11·04	0·86	1·34	11·41	0·85	1·26
Mittel .	.	0·95	1·34	.	1·16	1·73	.	0·88	1·43	.	0·99	1·50

October 1858.

Pentade	A	B	C	A	B	C	A	B	C	A	B	C
3—7. Oct.	8·28	0·98	1·20	9·78	0·86	1·30	9·56	0·72	1·34	9·18	0·85	1·16
8—12. „	4·62	0·48	0·80	8·12	0·82	1·10	6·28	0·70	0·90	6·34	0·66	0·93
13—17. „	7·48	0·62	1·18	10·28	0·68	1·40	9·20	0·70	1·12	8·99	0·66	1·23
18—22. „	6·00	0·32	0·50	8·80	0·64	1·08	8·32	0·52	0·70	7·71	0·49	0·76
23—27. „	4·64	0·62	1·14	8·14	0·62	0·94	6·76	0·30	1·24	6·51	0·51	1·11
28—1. Nov.	3·36	0·64	0·76	5·34	0·92	1·00	4·96	0·46	0·82	4·55	0·67	0·86
Mittel .	.	0·61	0·93	.	0·91	1·13	.	0·58	0·90	.	0·72	1·00

2*

November 1858.

Pentade	Morgens 8 Uhr			Mittags 12 Uhr			Abends 6 Uhr			Mittel		
	A	B	C	A	B	C	A	B	C	A	B	C
2—6. Nov.	0·72	0·02	0·34	2·12	0·20	0·44	1·60	0·38	0·54	1 46	0·20	0·44
7—11. „	0·20	0·14	0·52	2·82	0·76	0·76	1·33	0·87	1·13	1·45	0·59	0·83
12—16. „	—1·48	0·30	0·38	1·10	2·78	0·56	0·47	0·47	0·63	0·03	0·52	0·52
17—21. „	—2·68	0·30	0·08	—1·20	0·38	0·28	—1·00	0·77	0·62	—1·63	0·48	0·33
22—26. „	—0·77	0·43	0·83	0·22	0·12	0·44	1·95	0·40	0·30	0·47	0·32	0·52
27—1. Dec.	4·00	0·82	0·75	4·50	0·52	0·52	4·42	0·53	0·70	4·31	0·62	0·66
Mittel .	...	0·37	0·48	...	0·46	0·50	...	0·58	0·58	...	0·45	0·55

December 1858.

Pentade	Morgens 8 Uhr			Mittags 12 Uhr			Abends 6 Uhr			Mittel		
2—6. Dec.	1·50	0·20	0·16	2·72	0·28	0·14	1·74	0·50	0·14	1·99	0·32	0·15
7—11. „	0·20	0·32	0·12	0·60	0·28	0·06	0·32	0·26	0·06	0·37	0·29	0·04
12—16. „	—0·30	0·23	0·10	0·96	0·28	0·26	—0·06	0·46	0·24	0·20	0·32	0·20
17—21. „	—0·06	0·48	0·24	1·02	0·58	0·50	0·84	0·64	0·28	0·60	0·57	0·34
22—26. „	4·12	0·50	0·42	4·28	0·48	0·50	3·08	0·62	0·58	3·83	0·52	0·50
27—31. „	0·67	0·42	0·34	1·38	0·56	0·38	0·50	0·84	0·46	0·85	0·61	0·39
Mittel .	...	0·36	0·23	...	0·41	0·29	...	0·55	0·29	...	0·44	0·27

Jänner 1859.

Pentade	Morgens 8 Uhr			Mittags 12 Uhr			Abends 6 Uhr			Mittel		
1—5. Jän.	0·48	0·86	0·60	1·70	0·76	0·80	0·90	0·64	0·40	1·03	0·75	0·60
6—10. „	—1·57	0·75	0·37	—0·35	1·10	0·80	—0·82	0·80	0·46	—0·91	0·88	0·54
11—15. „	0·85	0·92	0·60	2·34	0·46	0·34	1·08	0·96	0·34	1·42	0·78	0·42
16—20. „	1·14	0·62	0·42	2·40	0·38	0·30	0·47	0·72	0·45	1·33	0·57	0·39
21—25. „	1·72	0·66	0·44	3·92	0·86	0·76	2·05	0·65	0·47	2·56	0·72	0·56
26—30. „	2·90	0·72	0·64	4·06	0·88	0·80	3·04	0·86	0·66	3·33	0·82	0·72
Mittel .	...	0·75	0·51	...	0·74	0·65	...	0·77	0·49	...	0·75	0·55

Um das Verhältniss und die Beziehung dieser Zahlen, welche die Monatsmittel ausdrücken, zu der mittleren Temperatur übersehen zu können, habe ich dieselben mit den Resultaten der auf die Temperatur bezüglichen Beobachtungen in Tafel II a f. S. zusammengestellt.

In der mit I bezeichneten Spalte der Tafel II stehen die Monatsmittel, welche aus den im Jahre $18^{57}/_{58}$ an jedem Tage um 18^h, 2^h und 10^h an dem in einer Höhe von 17 Fuss 3 Zoll Par. Mass über der Erdoberfläche befindlichen Thermometer gemachten Beobachtungen berechnet sind.

Die Spalte II enthält die Abweichung dieser Mittel von den allgemeinen Mitteln der Temperatur, welche sich auf eine fünfzehn Jahre umfassende Beobachtungsreihe gründen.

In der mit III überschriebenen Spalte sind die Zahlen enthalten, welche angeben, wie viel die an den 17 Fuss 3 Zoll über ebener Erde befindlichen Thermometer beobachtete Temperatur höher ist, als die in einer Höhe von 2 Zoll über der Erdoberfläche beobachtete.

Die Zahlen der Spalte IV zeigen, wie viel die Temperatur der Luft in einer Höhe von 28 Fuss 4 Zoll höher ist, als die an dem 2 Zoll über der Erdoberfläche befindlichen Thermometer beobachtete.

Spalte V enthält die aus den in Spalte III und IV stehenden Zahlen berechneten Mittelwerthe.

Obgleich die Beobachtungsperiode sich nur über fünfzehn Monate erstreckt, so deuten doch schon die einzelnen Glieder der Zahlenreihen, welche in den mit III, IV und V bezeichneten Spalten stehen, auf einen gesetzmässigen Zusammenhang unter einander hin.

II. Mittlere Temperatur der Luft und Abweichung derselben in verschiedenen Höhen.

Jahr	Monat	I. Mittl. Monats-Temperatur Thermometer-Höhe 17′ 3′′ P. M.	II. Abweichung der Temperatur vom allg. Monats-Mittel	III. Abweichung der Temperatur in einer Höhe von 17′ 3′′ von der an d. Erdoberfläche	IV. Abweichung der Temperatur in einer Höhe von 28′ 4′′ von der an d. Erdoberfläche	V. Mittel aus III. u. IV.
1857	November ...	+ 3°90	+0°56	+0°38	+0°70	+0°54
	December ...	+ 4·20	+3·47	+0·32	+0·55	+0·43
1858	Jänner	+ 0·21	+ 0·64	+0·56	+0·95	+0·75
	Februar	− 1·27	−2·23	+0·71	+1·14	+0·92
	März........	+ 1·63	−0·21	+0·81	+1·30	+1·05
	April	+ 5·08	−0·48	+0·96	+1·24	+1·10
	Mai.........	+ 8·75	−0·10	+0·86	+1·20	+1·03
	Juni	+14·55	+2·53	+1·19	+1·62	+1·41
	Juli	+13·58	+0·18	+0·89	+1·16	+1·02
	August	+14·35	+1·04	+1·03	+1·66	+1·34
	September ..	+12·44	+1·66	+0·99	+1·50	+1·24
	October	+ 7·71	+0·19	+0·72	+1·00	+0·86
	November ...	+ 1·18	−2·16	+0·45	+0·55	+0·50
	December ...	+ 1·31	+0·64	+0·44	+0·25	+0·34
1859	Jänner	+ 2·29	+2·72	+0·82	+0·72	+0·77

In der Mittelspalte der folgenden Tabelle habe ich die Zahlen zusammengestellt, welche die mittlere Temperatur des Jahres, der Jahreszeiten und der einzelnen Monate ausdrücken. Diesen Zahlen liegen die an dem 17 Fuss 3 Zoll über der Erdoberfläche befindlichen Normal-Thermometer seit vierzehn Jahren angestellten Beobachtungen zum Grunde. Aus diesen Zahlen hat sich dadurch, dass die in der Tabelle II enthaltenen Temperatur-Differenzen in Rechnung gebracht worden, die Temperatur der Luft in einer Höhe einerseits von 2 Zoll, andererseits von 28 Fuss 4 Zoll über der Erdoberfläche ergeben. Jene Temperatur ist in der ersten, diese in der dritten Spalte aufgeführt.

III. Mittlere Monats- und Jahres-Temperatur nach den Beobachtungen in Emden.

Monate	Temperatur der Luft		
	2 Zoll P. M. über der Erdoberfläche	17 Fuss 3 Zoll P. M. über der Erdoberfläche	28 Fuss 4 Zoll P. M. über der Erdoberfläche
Jänner	— 0°99 R.	— 0°43 R.	— 0°04 R.
Februar	— 0·21	+ 0·52	+ 0·93
März	+ 1·03	+ 1·84	+ 2·26
April	+ 4·60	+ 5·56	+ 5·84
Mai	+ 7·99	+ 8·85	+ 9·19
Juni	+10·83	+12·02	+12·45
Juli	+12·51	+13·40	+14·56
August	+12·28	+13·31	+13·94
September	+ 9·75	+10·74	+11·25
October	+ 6·80	+ 7·52	+ 7·80
November	+ 2·96	+ 3·34	+ 3·65
December	+ 0·41	+ 0·73	+ 0·94
Vom Jahre . . .	+ 5·66	+ 6·45	+ 6·89
Winter	— 0·263	+ 0·273	+ 0·610
Frühling	+ 4·540	+ 5·416	+ 5·763
Sommer	+11·873	+12·943	+13·650
Herbst	+ 6·503	+ 7·200	+ 7·566

Die am Schlusse dieser Arbeit befindliche graphische Darstellung auf Tafel I veranschaulicht einmal den jährlichen Gang der mittleren Temperatur, andererseits den Verlauf letzterer vom 1. November 1857 bis zum 30. September 1858 nach den in Emden in den angegebenen Höhen angestellten Beobachtungen.

Wie aus den oben in der mit II bezeichneten Tabelle zusammengestellten Zahlen hervorgeht, sind die Differenzen der Temperatur bei gleichen Höhenunterschieden in der untersten, unmittelbar auf der Oberfläche der Erde ruhenden Luftschicht in den Sommermonaten grösser als in den Wintermonaten. Wie die Seite 4 aufgeführten Zahlen zeigen, ist dasselbe in der höheren Region der Atmosphäre, wo die Temperatur abnimmt, aus dem Grunde der Fall, weil, wie ich aus der den beiden Reihen zum Grunde liegenden gemeinschaftlichen Ursache geschlossen hatte, die Temperatur in den oberen Schichten weniger variabel ist als unten. Der Verlauf beider Curven auf Tafel II deutet auf das unter ihnen stattfindende Verhältniss hin.

Nach den hier vorliegenden Ergebnissen meiner Beobachtungen kommt bei den Thermometern, an welchen die Beobachtungen gemacht werden, aus welchen die mittlere Temperatur der Luft abgeleitet werden soll, die Höhe derselben sehr in Betracht. Die Meteorologen werden sich demnach über die Frage zu verständigen haben, in welcher Höhe ein Thermometer aufgehängt sein muss, um die Temperatur eines Ortes genau anzugeben. Eben so wird es schwerlich zu umgehen sein, dass die bisher veröffentlichten Temperatur-Beobachtungen einer Revision und Reduction, je nach der Höhe der Thermometer, an welchen die Beobachtungen gemacht wurden, unterworfen werden.

Die in der untersten, unmittelbar auf der Erdoberfläche ruhenden Luftschicht mit der Höhe zunehmende Temperatur kommt aber auch bei den in jener vorgehenden meteorischen Vorgängen, wie bei der Dunst-, Nebel-, Thau-, Reif-, Regen-, Schnee-Bildung u. a. m. sehr in Betracht. Es kann daher nicht wohl ausbleiben, dass die bisherige Theorie dieser Processe, auch abgesehen von den, von Lamont [1]) über die Dunstbildung ermittelten Thatsachen, einige wesentliche Modificationen erleiden muss. Eben so dürften die Ergebnisse bei der Refraction des Lichts in Betracht kommen.

Von der grössten Bedeutung dürfte aber eine genaue Ermittelung der bezeichneten Temperatur-Zunahme für die Pflanzen-Physiologie werden.

Wenn Alphons De Candolle in seiner „Géographie botanique raisonnée" sagt: „On a l'usage d'observer des thermometres placés à 4 pieds environ au-dessus du sol. Cette hauteur donne-t-elle bien la température qui influe sur les végétaux? Voilà une première question à examiner."

---

[1]) Lamont, Resultate aus den an der königl. Sternwarte veranstalteten meteorologischen Untersuchungen. In den Abhandlungen der k. baier. Akademie der Wissenschaften, II. Classe, VIII. Bd., 1. Abtheil. München 1857.

„Les arbres sont, en majeure partie, dans une couche d'air su-
périeure à celle où l'on observe; les herbes sont situées plus bas; les
arbustes sont les seuls végétaux dont les feuilles et les fleurs soient
dans la couche où l'on observe, et ils forment une fraction bien petite
de toutes les espèces du regne végétal," so ist schon in den oben
aufgeführten Resultaten meiner erst fünfzehn Monate umfassenden
Beobachtungen nicht allein die Antwort auf jene Frage, sondern auch
eine Begründung des dann Folgenden enthalten.

Als Folgerung aus den in Tafel III zusammengestellten Temperatur-Differenzen ergibt sich ferner, dass die von R é a u m u r, C o t t e,
B o u s s i n g a u l t, Q u e t e l e t, B a b i n e t u. a. entwickelten analytischen
Ausdrücke, durch welche der Einfluss der an einem in beliebiger Höhe
über dem Erdboden aufgehängten Thermometer beobachteten Temperatur auf die Entwickelung der Pflanzen ausgedrückt werden soll,
mit der Hoffnung ein zutreffendes Resultat zu erhalten, nicht wohl
angewandt werden können. Eine in's Einzelne gehende Discussion
des hier angeregten Gegenstandes liegt mir und dem Zwecke der
vorliegenden Arbeit fern. In Beziehung auf denselben erlaube ich
mir nur noch auf das reiche Material hinzuweisen, welches mein
geehrter Freund Herr K. F r i t s c h in seinen, im XV. Bande der
Denkschriften der mathematisch-naturwissenschaftlichen Classe der
kaiserlichen Akademie der Wissenschaften veröffentlichten „Untersuchungen über das Gesetz des Einflusses der Lufttemperatur auf
die Zeiten bestimmter Entwickelungsphasen der Pflanzen" mit ein-
gehender Kritik niedergelegt hat.

"v. C 28′ 4″ Par. Maass sich über ebener Erde

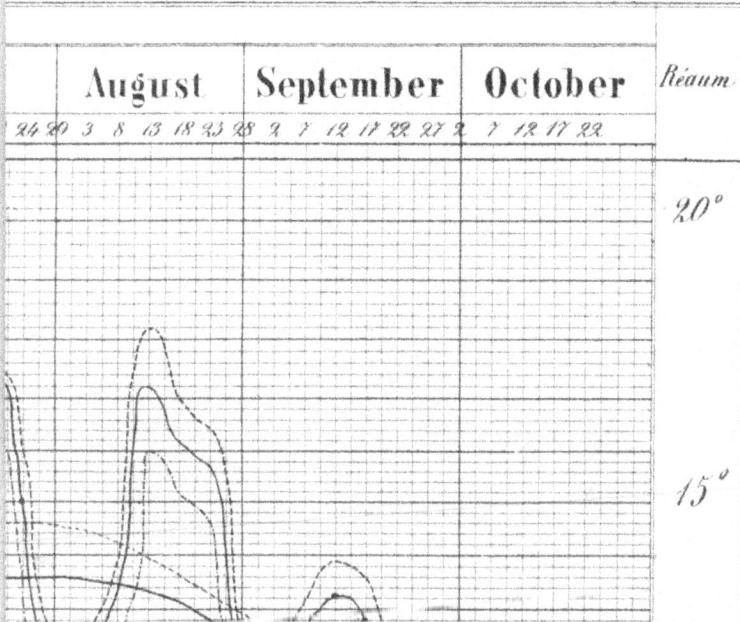

bachtungen .

	August	September	October	Réaum
24 20 3 8 13 18 23	28 2 7 12 17 22 27	2 7 12 17 22		

20°

15°

Taf. I.

"v. C 28′ 4″ Par. Maass sich über ebener Erde
bachtungen.

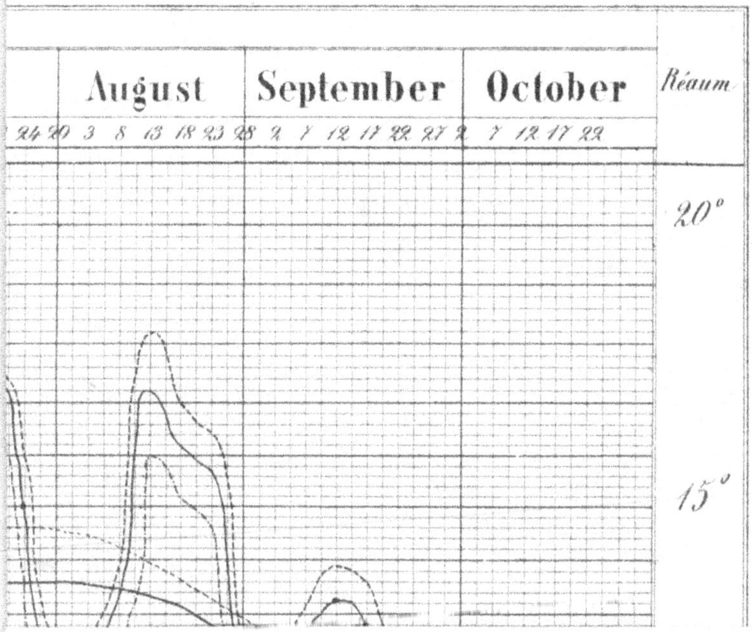

	August	September	October	Réaum
24 20 3 8 13 18 23 28	2 7 12 17 22 27	2 7 12 17 22		
				20°
				15°

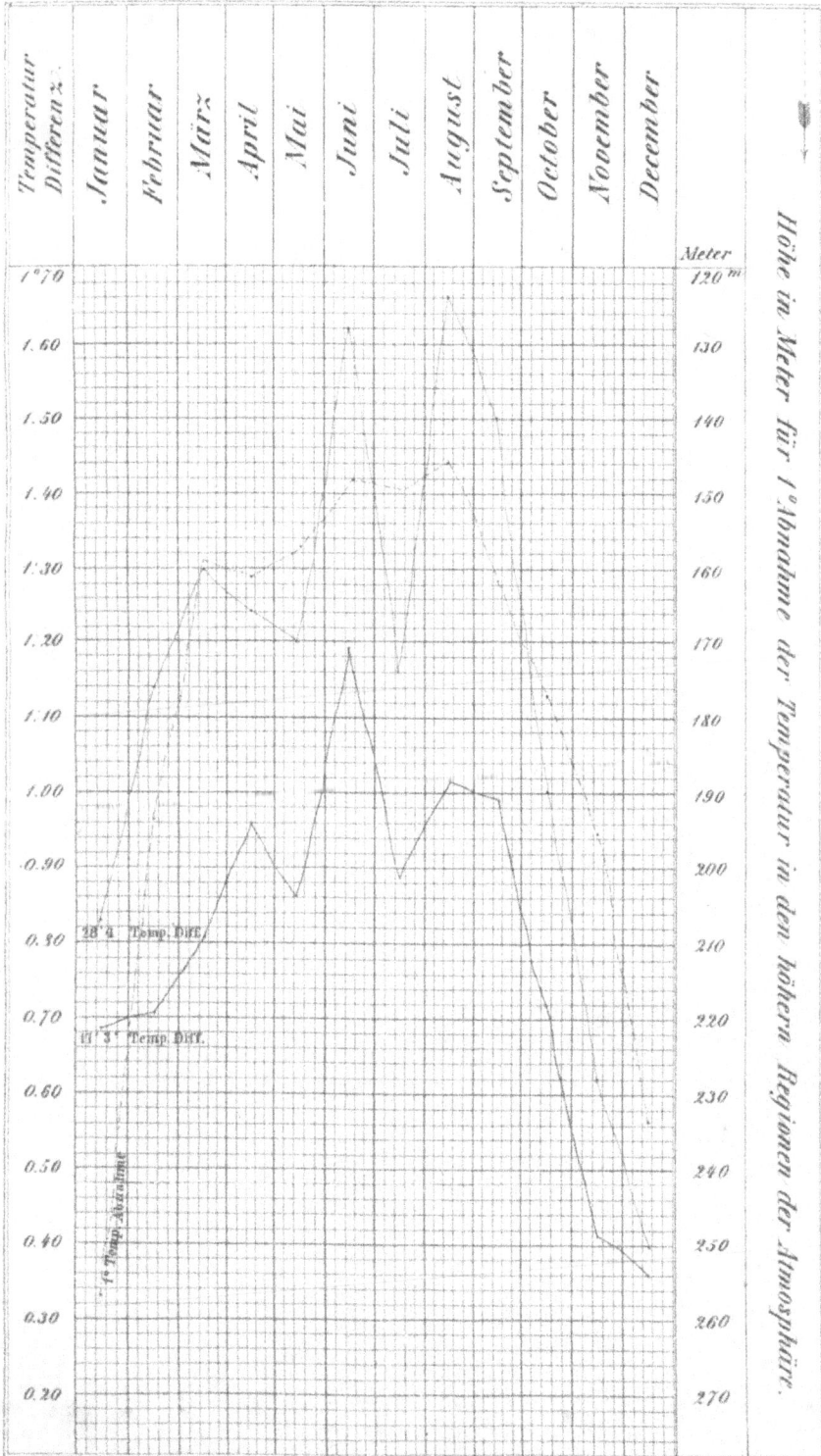

Jährlicher Gang.
des Wachsens der Temperatur Differenz in der untersten Region der
Atmosphäre und der Abnahme derselben in den höheren Regionen.

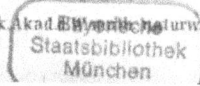

www.ingramcontent.com/pod-product-compliance
Lightning Source LLC
Chambersburg PA
CBHW080723220326
41520CB00056B/7441